P.Sudha Rani
Vennila J, Pragathi BN
Kavya T, T.Srinivasa Reddy

DESENVOLVIMENTO E VALIDAÇÃO DO ALOPURINOL

P.Sudha Rani
Vennila J, Pragathi BN
Kavya T, T.Srinivasa Reddy

DESENVOLVIMENTO E VALIDAÇÃO DO ALOPURINOL

DESENVOLVIMENTO E VALIDAÇÃO DO MÉTODO RP-HPLC PARA A ESTIMATIVA DO ALOPURINOL EM MEDICAMENTOS A GRANEL

ScienciaScripts

Imprint
Any brand names and product names mentioned in this book are subject to trademark, brand or patent protection and are trademarks or registered trademarks of their respective holders. The use of brand names, product names, common names, trade names, product descriptions etc. even without a particular marking in this work is in no way to be construed to mean that such names may be regarded as unrestricted in respect of trademark and brand protection legislation and could thus be used by anyone.

Cover image: www.ingimage.com

This book is a translation from the original published under ISBN 978-620-7-64701-9.

Publisher:
Sciencia Scripts
is a trademark of
Dodo Books Indian Ocean Ltd. and OmniScriptum S.R.L publishing group

120 High Road, East Finchley, London, N2 9ED, United Kingdom
Str. Armeneasca 28/1, office 1, Chisinau MD-2012, Republic of Moldova, Europe
Printed at: see last page
ISBN: 978-620-7-71583-1

Copyright © P.Sudha Rani, Vennila J, Pragathi BN, Kavya T, T.Srinivasa Reddy
Copyright © 2024 Dodo Books Indian Ocean Ltd. and OmniScriptum S.R.L publishing group

DESENVOLVIMENTO E VALIDAÇÃO DO MÉTODO RP-HPLC PARA A ESTIMATIVA DO ALOPURINOL EM MEDICAMENTOS A GRANEL

Dr.P.Sudha Rani*, Vennila J, Pragathi BN, Kavya T, T.Srinivasa Reddy *Chefe do Departamento de Biotecnologia, Administrative Management College, Bangalore 560 083

INTRODUÇÃO

O alopurinol (1H-pirazolo[3,4-d] pirimidin-4-ol) é o isómero estrutural da hipoxantina, que é um inibidor da xantina oxidase, habitualmente utilizado no tratamento da gota crónica associada a condições patológicas como a leucemia, a inflamação e em medicamentos contra o cancro. O medicamento é particularmente útil em doentes com deposição renal recorrente de uratos, doença proliferativa e doenças malignas (Arellano F & Sacristan JA,1993). A xantina oxidase converte as oxipurinas (hipoxantina e xantina) em ácido úrico. Encontra-se presente em muitos órgãos como os rins, o plasma sanguíneo, o fígado, o estômago, o coração e o cérebro. A xantina oxidase transforma a hipoxantina em xantina, que é depois convertida em ácido úrico (Derek K, & Da-peng Wang TL,1999)

O alopurinol actua inibindo a xantina oxidase (XO), a enzima responsável pela conversão da hipoxantina em ácido úrico, que se deposita sob a forma de cristais nas articulações das pessoas que sofrem de gota. A hipoxantina é um metabolito de um possível precursor, a adenosina (Schmidt et al., 2008). O alopurinol é o tratamento de primeira linha para a gota, uma doença dolorosa causada pela deposição de cristais de ácido úrico na cartilagem das articulações. O alopurinol e o seu principal metabolito, o oxipurinol, inibem a xantina oxidase (XO), a enzima responsável pela formação de ácido úrico a partir da hipoxantina e da xantina (Pacher et al.,

2006). O alopurinol, um inibidor da xantina oxidase, é um medicamento para baixar a urato.

O alopurinol é aprovado pela FDA para as seguintes indicações:

1. Gota
2. Prevenção da síndrome de lise tumoral
3. Prevenção da nefrolitíase cálcica recorrente em doentes com hiperuricosúria

Outras indicações não aprovadas pela FDA incluem a hiperuricemia associada à síndrome de Lesch-Nyhan e a prevenção da nefrolitíase recorrente por ácido úrico. (Charles V. Preus & Rina Musa,2023)

O alopurinol é um medicamento geralmente seguro, com efeitos indesejáveis bem conhecidos, e é frequentemente tomado em segurança durante muitos anos. É tentador especular que o alopurinol ou outros inibidores da xantina oxidase (XO) podem constituir terapias adjuvantes úteis em doenças crónicas como a anemia falciforme e a neuropatia diabética, em que as suas possíveis acções duplas sobre os níveis de ROS e de adenosina podem ser particularmente úteis para melhorar a função endotelial vascular e limitar a dor (Inkster et al., 2007, Wood e Granger, 2007). O alopurinol pode também ser um agente útil para combinar com outros analgésicos que actuam predominantemente em sistemas não adenosina. (Pacher et al., 2006)

O alopurinol foi sintetizado como parte do programa Burroughs Welcome para desenvolver análogos da purina como agentes antibacterianos e quimioterapêuticos e foi originalmente utilizado pela sua capacidade de inibir a degradação da 6-mercaptopurina pela XO (Elion et al., 1963)

Alopurinol comprimidos orais é um medicamento aprovado pela FDA para tratar certas condições como artrite, pedras nos rins, níveis de ácido úrico, quimioterapia e leucemia. Um tipo comum de artrite chamado gota. O medicamento é considerado um tratamento de manutenção para a gota, ao longo do tempo pode ajudar a prevenir a gota aguda. A gota pode causar dor, rigidez e inchaço nas articulações. A gota ocorre quando o sangue tem uma quantidade excessiva de um produto residual conhecido como ácido úrico. Alopurinol para tratar pedra nos rins chamada oxalato de cálcio, o medicamento destina-se a ser utilizado em adultos com níveis elevados de produtos residuais chamados ácido úrico na urina. nível de ácido úrico que pode ser elevado durante certos tratamentos contra o cancro. Estes cancros podem incluir leucemia e linfoma. alopurinol comprimido oral é a versão genérica do medicamento de marca Zyloprim. (Neal Patel & Patricia Weiser, 2021)

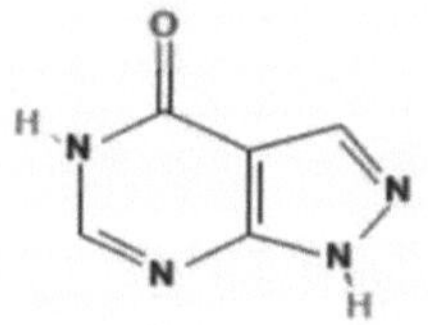

FIG: 1 ESTRUTURA DO ALOPURINOL

Nome IUPAC: 1,5-dihidropirazolo[3,4-d] pirimidin-4-ona

Fórmula molecular: C5H4N4O

Peso molecular: 136,11 g/mol

Solubilidade: O alopurinol é pouco solúvel em tampões aquosos. Para uma solubilidade máxima em tampões aquosos, o alopurinol deve ser primeiro dissolvido em DMSO e depois diluído com o tampão aquoso de eleição. O alopurinol tem uma solubilidade de aproximadamente 0,1 mg/ml numa solução 1:10 de DMSO: PBS (pH 7,2) utilizando este método.

Mecanismo de ação: O alopurinol é um análogo estrutural da base purina natural, a hipoxantina. Após a ingestão, o alopurinol é metabolizado no seu metabolito ativo, o oxipurinol (aloxantina), no fígado (Ahmad Quire &

Rine Musa, 2018), que actua como inibidor da enzima xantina oxidase.

O alopurinol e o seu metabolito ativo inibem a xantina oxidase, a enzima que converte a hipoxantina em xantina e a xantina em ácido úrico (Schmidt AP& J Anesth,2021). A inibição desta enzima é responsável pelos efeitos do alopurinol. Este fármaco aumenta a reutilização da hipoxantina e da xantina para a síntese de nucleótidos e de ácidos nucleicos através de um processo que envolve a enzima hipoxantina-guanina fosforibosil transferase (HGPRTase).

Este processo resulta num aumento da concentração de nucleótidos, o que provoca uma inibição da síntese de novo de purinas (Fields et al 1996). O resultado é a redução das concentrações de ácido úrico na urina e no soro, o que diminui a incidência de sintomas de gota. A redução do ácido úrico sérico pelo alopurinol é acompanhada por um aumento das concentrações séricas e urinárias de hipoxantina e xantina (devido à inibição da xantina oxidase). Na ausência de alopurinol, a excreção urinária regular de oxipurinas ocorre quase inteiramente sob a forma de ácido úrico. Após a ingestão de alopurinol, os conteúdos da urina excretada são hipoxantina, xantina e ácido úrico. Uma vez que cada substância tem a sua própria solubilidade individual, a concentração de ácido úrico no plasma é reduzida sem expor os tecidos renais a uma carga elevada de ácido úrico, diminuindo assim o risco de cristalúria. Ao baixar a concentração de ácido úrico no plasma abaixo dos seus limites de solubilidade, o alopurinol favorece a dissolução dos tofos gotosos. Embora se verifique um aumento dos níveis de hipoxantina e xantina após a ingestão de alopurinol, o risco de deposição nos tecidos renais é menor do que o do ácido úrico, uma vez que estes se tornam mais solúveis e são rapidamente excretados pelos rins. (Medsafe NZ: Allopurinol)

A CROMATOGRAFIA NO MUNDO FARMACÊUTICO

O termo "cromatografia" (Color-Writing derivado do grego para

Colorchroma e Write-Graphing). Na indústria farmacêutica moderna, a cromatografia é a ferramenta analítica principal e integral aplicada em todas as fases da descoberta, desenvolvimento e produção de medicamentos. O desenvolvimento de novas entidades químicas (NCEs) é composto por duas actividades principais. Descoberta e desenvolvimento de medicamentos. O objetivo da descoberta de medicamentos é investigar uma grande quantidade de compostos utilizando abordagens de rastreio rápidas, que conduzam à geração de compostos principais e, em seguida, estreitar a seleção através da síntese orientada e do rastreio seletivo (otimização dos compostos principais). As principais funções do desenvolvimento de medicamentos consistem em caraterizar completamente os compostos candidatos através do metabolismo dos medicamentos, do rastreio pré-clínico e clínico e dos ensaios clínicos. Ao longo deste paradigma de descoberta e desenvolvimento de fármacos, são desenvolvidos métodos analíticos robustos de separação por HPLC, em cada fase de desenvolvimento, para análise de uma miríade de amostras, a fim de controlar e monitorizar adequadamente a qualidade dos potenciais candidatos a fármacos, excipientes e produtos finais. O desenvolvimento eficaz e rápido de métodos é de importância primordial ao longo de todo o ciclo de vida do desenvolvimento de medicamentos. Este ciclo de vida de desenvolvimento de medicamentos. Para tal, é necessário um conhecimento profundo dos princípios e da teoria da HPLC, que constituem uma base sólida para a apreciação das muitas variáveis que são optimizadas durante o desenvolvimento e otimização rápidos e eficazes de métodos de HPLC. (Gerberding SJ, Byers CH.1998)

HPLC (cromatografia líquida de alta eficiência)

Na cromatografia líquida de alta eficiência, tanto a fase móvel como a fase estacionária competem pela distribuição dos componentes da amostra. No caso da HPLC, a separação baseia-se na adsorção e na partição. A cromatografia de adsorção utiliza partículas de elevada área superficial que adsorvem as moléculas de soluto. Normalmente, na cromatografia de adsorção utiliza-se um sólido polar, como sílica gel, alumina ou esferas de vidro porosas, e uma fase móvel não polar, como heptano, octano ou clorofórmio. (Salgado P & Visnevschi - Necrasov T, 2015).

Na cromatografia de partição, o suporte sólido é revestido com uma fase estacionária líquida. A distribuição relativa dos solutos entre as duas fases líquidas determina a separação. A fase estacionária pode ser polar ou não-polar. Se a fase estacionária for não-polar, chama-se cromatografia de partição de fase normal. Se for o contrário, chama-se cromatografia de partição em fase reversa. No modo de fase normal, as moléculas polares dividem-se preferencialmente na fase estacionária e são retidas durante mais tempo do que os compostos não polares. Na cromatografia de fase reversa, observa-se o comportamento oposto (Sherman J, Fried B, Dekker M. New York, NY:1991).

MÉTODOS MAIS UTILIZADOS EM HPLC

Cromatografia de fase normal:

Para um leito estacionário polar como a sílica, é necessário escolher uma fase móvel relativamente não polar. Este modo de funcionamento é designado por cromatografia de fase normal. Aqui, o componente menos polar elui primeiro e o aumento da polaridade da fase móvel leva a uma diminuição do tempo de eluição. Os solventes não polares, como o pentano, o hexano, o isooctano, o ciclo-hexano, etc., são mais populares. É utilizado principalmente para a separação de substâncias não-iónicas, não-polares a medianamente polares.

Cromatografia de fase inversa:

Na década de 1960, os cromatógrafos começaram a modificar a natureza polar do grupo silanol através da reação química do silício com silanos orgânicos. O objetivo era tornar a sílica menos polar ou não polar, de modo a que os solventes polares pudessem ser utilizados para separar compostos polares solúveis em água. Uma vez que a natureza iónica da sílica foi revertida, a separação cromatográfica efectuada com este tipo de sílica é referida como cromatografia de fase reversa (Reinders MK, Nijdam LC e Roon EN, 2007). Os solventes comuns utilizados neste modo incluem metanol / acetonitrilo / isopropanol, etc. Utilizado principalmente para a separação de substâncias iónicas e polares.

DESENVOLVIMENTO DE MÉTODOS ANALÍTICOS

São desenvolvidos métodos para novos produtos quando não existem métodos oficiais disponíveis. São desenvolvidos métodos alternativos para produtos existentes (não farmacopéicos) para reduzir o custo e o tempo para uma melhor precisão e robustez. São realizados ensaios de ensaio, o método é optimizado e validado. Quando o método alternativo proposto se destina a substituir o procedimento existente, devem ser disponibilizados dados laboratoriais comparativos que incluam os méritos/deméritos. Os factores importantes que devem ser considerados para obter uma análise quantitativa fiável são

1. Preparação cuidadosa da amostra
2. Escolha adequada da coluna
3. Caudal de seleção
4. Seleção do comprimento de onda do detetor
5. Seleção da temperatura da coluna

O desenvolvimento de métodos de HPLC baseia-se em algumas etapas básicas que incluem:

1. informação sobre a amostra, definir objectivos de separação

2. Necessita de um procedimento especial de HPLC, pré-tratamento da

amostra, etc

3. Selecionar o detetor e a definição do detetor

4. Seleção do método LC; execução preliminar, estimativa da melhor separação

5. otimizar as condições de separação

6. Verificar a existência de problemas ou a necessidade de procedimentos especiais

7(a)Recuperar o material purificado

7.b) Calibração quantitativa

7(c) Método qualitativo

8.validar o método para libertação para o laboratório de rotina

VALIDAÇÃO DE MÉTODOS ANALÍTICOS: A validação de métodos pode ser definida como (ICH) "Estabelecimento de provas documentadas, que proporcionam um elevado grau de garantia de que uma atividade específica produzirá consistentemente um resultado desejado ou um produto que cumpre as especificações predeterminadas e as características de qualidade (Ahuja S. Rasmussen H.2011).

PARÂMETROS DE VALIDAÇÃO (ICH).

O estudo de validação típico inclui a adequação do sistema.

I. Exatidão

II. Precisão

III. Especificidade

IV. Linearidade

V. Limite de deteção

VI. Limite de quantificação

VII. Gama

VIII. Robustez

Aplicações de HPLC na indústria farmacêutica

O processo de criação de um novo medicamento pode ser dividido em três fases principais:

1. Descoberta de medicamentos 2. Desenvolvimento de medicamentos 3. Fabrico de medicamentos.

Foram definidas algumas aplicações importantes da HPLC em todas as etapas do processo de criação de um novo medicamento. Estas aplicações incluem a separação e quantificação de diferentes analitos por HPLC analítica ou o isolamento e purificação dos compostos e extractos por HPLC preparativa. O método de análise por HPLC tem vindo a ser desenvolvido para identificar, quantificar ou isolar e purificar os compostos de interesse. (Salgado P &Visnevschi - Necrasov T,2015)

1. Determinação do prazo de validade
2. Identificação dos ingredientes activos.
3. Controlo da qualidade farmacêutica.
4. Dissolução de formas de dosagem farmacêutica em comprimidos

OBJECTIVO:

- Desenvolver e validar um método simples e económico para a estimativa do alopurinol.
- O objetivo da validação é formar uma base para procedimentos escritos de produção e controlo, concebidos para garantir que os medicamentos têm identidade, qualidade e pureza.

REVISÃO DA LITERATURA

1. Prasad, P. R., Karunakar, D., & Devi, B. R Dr. B. Rama Devi: Foi desenvolvido e validado um novo método simples, rápido, específico, económico, preciso e exato para a estimativa do alopurinol por cromatografia líquida de alta resolução de fase reversa (RP-HPLC), de acordo com as directrizes da ICH. A separação foi conseguida com o Kromasil 100-5, C18,250x 4,6mm e o di-hidrogenofosfato de potássio e o metanol utilizados como fase móvel, a um caudal de 1 ml /min e a temperatura da coluna foi de 30°C. A deteção foi efectuada a 220nm. O tempo de retenção do alopurinol foi de 5,6 minutos. O método desenvolvido foi validado em termos de adequação do sistema, seletividade, linearidade, precisão, exatidão, limites de deteção e quantificação das impurezas de acordo com as directrizes da CIH. A linearidade observada para o alopurinol está dentro dos limites, a % RSD para a repetibilidade foi de 0,525. A recuperação média foi considerada dentro dos limites de 96,1-96,6%. O método desenvolvido foi considerado simples, rápido, exato, preciso e específico para a estimativa do alopurinol puro e na sua forma de dosagem farmacêutica.

2. Khader, S., Begum, A., & Ramakrishna, D. (2019): Um método novo, confiável e validado de cromatografia líquida de alto desempenho (HPLC) em fase reversa foi desenvolvido para quantificar a quantidade de alopurinol e lesinurad simultaneamente na forma de dosagem sólida (comprimido). Obteve-se uma divisão cromatográfica clara na coluna inertsil ODS (4,6 x 250 mm, 5 mm) e utilizou-se como fase móvel uma mistura de ácido trifluoroacético a 0,1% e metanol na proporção de 40:60 v/v. A taxa de fluxo foi fixada em 1 mL/min e a deteção UV foi efectuada a um Xmax de 255 nm. O volume de injeção foi fixado em 20 pL. O coeficiente de correlação de 0,999 foi estabelecido e a exatidão foi de 100,69 e 100,49 para ambos os fármacos, respetivamente. Por conseguinte, o método desenvolvido era simples, específico, exato e estável. Por conseguinte, o método pode ser utilizado para estimar os referidos fármacos noutras formulações farmacêuticas.

3. **Rajkumar, B., Bhavya, T., & Kumar, A. A. (2014):** Desenvolver um método simples, exato, preciso, linear e rápido de cromatografia líquida de alta eficiência de fase reversa (RP-HPLC) para a estimativa quantitativa simultânea de alopurinol 100 mg e ácido alfa-lipóico 100 mg em comprimidos, de acordo com as directrizes ICH. Métodos: O método optimizado utiliza uma coluna de fase inversa, Enable C18G (250 X 4,6 mm; 5p), uma fase móvel de acetonitrilo: tampão de acetato de amónio 0,02M ajustado a pH 4,6 na proporção de 50:50 v/v, um caudal de 0,8 ml/min e um comprimento de onda de deteção de 210 nm utilizando um detetor de UV. Resultados: O método desenvolvido resultou na eluição do alopurinol aos 3,01 min e do ácido alfa-lipóico aos 8,42 min. Ambos os fármacos apresentaram linearidade na gama de 50175 pg/ml. A precisão é exemplificada por desvios-padrão relativos de 0,83% para o alopurinol e de 1% para o ácido alfa-lipóico. Durante os estudos de exatidão, as recuperações médias percentuais situaram-se no intervalo 98-102. O limite de deteção foi obtido como 3 ng/ml para o alopurinol e 0,5 pg/ml para o ácido alfa-lipóico, enquanto o limite de quantificação foi obtido como 10 ng/ml para o alopurinol e 1 pg/ml para o ácido alfa-lipóico. Conclusão: Foi desenvolvido e validado um método RP-HPLC simples, exato, preciso, linear e rápido para a estimativa quantitativa simultânea de 100 mg de alopurinol e 100 mg de ácido alfa-lipóico em comprimidos, de acordo com as directrizes da ICH, pelo que pode ser utilizado para a análise de rotina de alopurinol e ácido alfa-lipóico em comprimidos em várias indústrias farmacêuticas.

4. **Magdy, G., Abdel Hakiem, A. F., Belal, F., & Abdel-Megied, A. M. (2021)**: O objetivo deste estudo foi desenvolver e validar um método para

análise quantitativa simultânea de Alopurinol e Lesinurad em medicamentos a granel e formulações farmacêuticas. Um método de análise HPLC isocrático usando uma coluna de fase reversa Waters spherisorb ODS1 C18 (250 mm x 4,6 mm, 5p) e uma fase móvel simples sem tampão foi desenvolvido, otimizado e totalmente validado. As análises foram efectuadas a um caudal de 0,9 mL/min a 50°C e monitorizadas a 246nm. Este método de HPLC apresentou uma boa linearidade, precisão e seletividade. A recuperação (exatidão) do Alopurinol e da Lesinurad de todas as matrizes foi superior a 98%. O pico de Alopurinol e Lesinurad foi detectado nas amostras de um estudo de degradação forçada e não houve interferência de excepientes ou dos produtos de degradação formados durante o estudo de stress. O método era robusto, com boa precisão intra e inter-dia e sensível. Este método de HPLC indicador de estabilidade foi seletivo, exato e preciso para a análise simultânea de Alopurinol e Lesinurad em formulações farmacêuticas.

5. Aghaziarati, M., Yamini, Y., & Shamsayei, M. (2023): Foi desenvolvido um novo método RP-HPLC simples, exato, preciso e reprodutível para a estimativa simultânea de alopurinol e ácido alfa-lipóico a granel e na forma de dosagem farmacêutica utilizando uma coluna C18 (inertsil ODS, 250 x 4,6 mm, 5 pm) em modo isocrático. A fase móvel consistiu em tampão fosfato dipotássico 0,1 M (pH 3,5) e acetonitrilo na proporção de 55:45v/v. A deteção foi efectuada a 250 nm para o alopurinol e a 212 nm para o ácido alfa-lipóico. O método foi linear na gama de concentrações para o alopurinol 60-140 pg/ml e para o ácido alfa-lipóico 60-140pg/ml. As recuperações do alopurinol e do ácido alfa-lipóico foram de 98,9% e 98,7%, respetivamente. A validação do método foi efectuada utilizando as directrizes da ICH. O método de HPLC descrito foi empregue com êxito na análise de formulações farmacêuticas contendo uma forma de dosagem combinada.

6. Elbordiny, H. S., Elonsy, S. M., Daabees, H. G., & Belal, T. S. (2022) : Este artigo de revisão representa a recolha e discussão de vários métodos analíticos disponíveis na literatura para a determinação de alopurinol (ALLP) em amostras farmacêuticas e biológicas que consistem em HPLC, método UV-visível, espetroscopia de infravermelhos próximos, espectrofluorometria, eletroforese capilar, polarografia, voltametria e técnicas hifenizadas, tais como LC-MS, LC-MS/MS, UPLC-MS/MS e GC-MS. A revisão prevista fornece pormenores sobre a utilização comparativa de várias técnicas analíticas para a determinação de ALLP. O presente artigo de revisão pode ser efetivamente explorado para conduzir futuras investigações analíticas para a estimativa de ALLP.

7. De Oliveira Beraldo, D., Duarte, S., Pacheco, G., Barbosa, R., Mendes, C., Silva, M., & Bonfim, A. (2020): Neste estudo, um método sustentável de HPLC-UV-DAD foi desenvolvido e validado para a determinação de alopurinol em comprimidos e otimização do teste de dissolução usando design fatorial. A separação do analito da matriz da amostra foi alcançada em 3,01 minutos em uma coluna C8 (4,6 mm X 150 mm X 5 pm), utilizando fase móvel 0,1 mol L-1 HCl (25%) + etanol (50%) + água ultrapura (25%) por deteção UV a 249 nm. O método apresentou parâmetros analíticos de validação satisfatórios (especificidade, seletividade, linearidade, estabilidade, precisão, exatidão e robustez), não apresentando efeitos de matriz. O teste de dissolução foi optimizado através de um desenho fatorial completo 23 e as condições óptimas foram HCl 0,001 mol L-1, aparelho II (pá) e 75 rpm. Os procedimentos analíticos e os testes de dissolução foram aplicados aos comprimidos de alopurinol comercializados na Bahia, Brasil, para avaliar os estudos de dissolução. Os produtos farmacêuticos apresentaram perfis de dissolução semelhantes e cinética de dissolução de primeira ordem. Este novo e sustentável método HPLC-UV-DAD é amigo do ambiente e pode ser utilizado para a análise farmacêutica de rotina do alopurinol em formas de dosagem fixa. Palavras-chave: alopurinol; método HPLC UV-DAD ecológico; conceção fatorial; dissolução; análise farmacêutica e química.

8. Kumar, C. J. Estimation of allopurinol-a review Ch Jaswanth Kumar, Kamakshi Devi N, Prachet P, Sai Tejaswi A e Rama Rao N. Foi desenvolvido e validado um novo método simples, rápido, seletivo, preciso e exato de cromatografia líquida de alta resolução em fase inversa com gradiente (RP-HPLC) para a estimativa simultânea de alopurinol e ácido alfa-lipóico na forma de dosagem a granel e em comprimidos. A análise cromatográfica foi realizada numa coluna c-18 (250x4,6x5 p) à temperatura ambiente, a coluna utilizada foi a BDS em modo isocrático, com fase móvel contendo tampão de hidróxido de tetrabutilamónio e acetonitrilo (70:30v/v) ajustado a Ph 6,6 com solução diluída de ácido ortofosfórico. O caudal foi de 0,8 Ml/min e os efluentes foram monitorizados a 230nm. Os tempos de retenção do alopurinol e do ácido alfa-lipóico foram de 2,33 min e 6,32 min, respetivamente. O método foi validado de acordo com as directrizes da CIH. As recuperações do alopurinol e do ácido alfa-lipóico foram de 98,53 a 100,03 e de 98,5 a 99,9%, respetivamente. Verificou-se que o método proposto é exato, reprodutível e consistente. Foi aplicado com êxito na análise destes fármacos em formulações comercializadas e pode ser efetivamente utilizado para a análise de rotina de formulações que contenham qualquer um dos fármacos acima referidos ou uma combinação, sem qualquer alteração das condições cromatográficas.

9. Kodithyala Naveen Kumar[1] , Sowjanya[2] , Dr. Gampa Vijay Kumar[3] : Com base nos resultados experimentais, o método proposto é adequado para a determinação quantitativa de Lesinurad e Alopurinol na forma de dosagem farmacêutica. O método proporciona uma grande sensibilidade, linearidade e repetibilidade adequadas. A estimativa do Lesinurad e do

Alopurinol foi efectuada por RP-HPLC. O tampão de fosfato tinha pH 2,5 e a fase móvel foi optimizada, consistindo em acetonitrilo: Tampão fosfato misturado na proporção de 80:20 % v/ v. Foi utilizada uma coluna Symmetry C18 (4,6 x 150 mm, 5 mm, Make XTerra) como fase estacionária. A deteção foi efectuada utilizando um detetor de UV a 274 nm. As soluções foram cromatografadas a um caudal constante de 0,8 ml/min. Verificou-se que a gama de linearidade do Lesinurad e do Alopurinol era de 25-125 mg/ml. O coeficiente de regressão linear não foi superior a 0,999. Os valores de % RSD são inferiores a 2%, o que indica exatidão e precisão do método. A percentagem de recuperação varia entre 97-102% do LOD e do LOQ do Lesinurad e do Alopurinol, que se encontram dentro dos limites. O método proposto é preciso, simples e exato para determinar a quantidade de Lesinurad e Alopurinol na formulação. A elevada percentagem de recuperação mostra que o método está isento da interferência dos excipientes utilizados na formulação. Assim, o método pode ser útil no controlo de qualidade de rotina destes medicamentos.

10. B. Preethi*, M. Anuradha e R. Shyamsunder: O objetivo do presente trabalho de investigação foi desenvolver um método inovador, simples e económico para a estimativa de Lesinurad e Alopurinol a granel e na forma de dosagem por RP-HPLC. Métodos: As condições cromatográficas foram efectuadas em Phenomenex Luna C18, 100A, 5pm, 250mmx4.6mm i.d.como fase estacionária e a fase móvel foi preparada com uma mistura de tampão fosfato (pH - 3.9): Acetonitrilo, fluxo de 1,0 ml/min, com volume de injeção de 20 pl, comprimento de onda de deteção de 252 nm e tempo de execução de 6,0 min. Resultados: O método analítico é válido para a estimativa de Lesinurad e Alopurinol num intervalo de 0-150 pg/ml, 015 pg/ml. Os resultados do teste de adequação do sistema, linearidade, precisão e exatidão, robustez, especificidade, LOD e LOQ e estabilidades apresentados neste relatório estão dentro do intervalo de aceitação. O tempo de retenção do Lesinurad e do Alopurinol foi de 2,246 e 3,132. Conclusão: Foi desenvolvido um método de estimativa específico, sensível e económico para o Lesinurad e o Alopurinol com base nas directrizes da ICH para formas a granel e de dosagem. Palavras-chave Lesinurad e alopurinol, HPLC, Desenvolvimento de métodos, ICH, Validação, Exatidão, Precisão.

11. KV, R. (2020). UM NOVO MÉTODO RP-HPLC VALIDADO COM INDICAÇÃO DE ESTABILIDADE PARA A QUANTIFICAÇÃO DE ALOPURINOL E LESINURAD EM FORMULAÇÕES FARMACÊUTICAS E A GRANEL: Foi desenvolvido um método de ensaio cromatográfico líquido de fase reversa isocrático para a determinação quantitativa de Lesinurad e Alopurinol. Foi utilizada uma coluna Inetsil C-18, 5 pm, com uma fase móvel contendo acetonitrilo: Metanol: tampão de trietilamina a 0,1% (pH ajustado a 3 com ácido o-fosfórico) 25:35:40 (v/v/v). O caudal foi de 1,0 mL/min e os efluentes foram monitorizados a 250 nm. Os tempos de retenção da oxicodona e da naltrexona foram de 5,57 min e 2,60 min, respetivamente. O método proposto foi validado no que respeita à linearidade, exatidão, precisão e robustez.

MATERIAIS E MÉTODOS INSTRUMENTOS / EQUIPAMENTOS UTILIZADOS

Instrumentos:

WATERS HPLC, modelo: E2695, detetor de matriz de díodos fotográficos (PDA) 2998, com um injetor de amostras automatizado. O sinal de saída foi monitorizado e integrado utilizando o software Empower 3. A coluna Waters C18 (150mm*4.6,5pm,) foi utilizada para as separações.

S.NO	Equipment's	Model	company
1	Electronic balance	ER200A	ASCOSET
2	Ultra-sonicator	SE60US	ENERTECH
3	Heating Mantle	BT1	BIOTECHNICS INDIA
4	Thermal oven	----------	NARANG
5	pH Meter	AD102U	ADWA
6	Filter Paper 0.45 microns	----------	MILLI PORE

Materiais:

O alopurinol foi obtido de grau NA. O comprimido de Zyloprim contendo 100 mg de alopurinol foi adquirido no mercado local. Os reagentes e solventes, como o di-hidrogenofosfato de potássio, o acetonitrilo e a água para HPLC de grau analítico, foram adquiridos à National Scientific Product.

DESENVOLVIMENTO DO MÉTODO PREPARAÇÃO DA FASE MÓVEL:

Transferir 1000 ml de água de HPLC para um copo de 1000 ml e ajustar o pH a 4,5 com K HPO_{24} . Transferir a solução acima para 550 ml de K2HPO4 e utilizar 450 ml de metanol como fase móvel. Misturam-se e sonicam-se durante 20 minutos.

PREPARAÇÃO DA SOLUÇÃO-PADRÃO E DA SOLUÇÃO-AMOSTRA DE ALOPURINOL:

PREPARAÇÃO DA SOLUÇÃO PADRÃO:

Pesar com exatidão e transferir 100 mg de alopurinol para um balão volumétrico de 100 ml, adicionar 10 ml de metanol e sonicar durante 10 minutos (ou) agitar durante 5 minutos e completar com água. Transferir a solução acima referida para 1 ml num balão volumétrico de 10 ml e diluir até ao volume com água.

PREPARAÇÃO DA AMOSTRA DE SOLUÇÃO DE ESTOQUE: 20 comprimidos disponíveis no mercado foram pesados e pulverizados, o pó equivalente a 178 mg de (100 mg de alopurinol) de ingredientes activos foi transferido para um balão volumétrico de 100 ml e adicionado 10 ml de metanol e sonicado durante 20 minutos (ou) agitado durante 10 minutos e reconstituído com água. Transferir a solução acima de 1 ml para 10 ml do balão volumétrico e diluir o volume com metanol. A solução foi filtrada através de um filtro de 0,45 pm antes de ser injectada no sistema HPLC.

Seleção do comprimento de onda analítico

São as características de um composto que ajudam a determinar a estrutura eletrónica do mesmo. A análise estrutural do alopurinol foi efectuada sob UV de 200-400nm utilizando uma solução padrão.

VALIDAÇÃO DO MÉTODO

1.ADEQUAÇÃO DO SISTEMA:

O fator de cauda para os picos devidos ao alopurinol na solução padrão não deve ser superior a 2,0. As placas teóricas para os picos de alopurinol na solução padrão não devem ser inferiores a 2000.

2. ESPECIFICIDADE:

As soluções de padrão, amostra, branco e placebo foram preparadas de acordo com o procedimento de ensaio e injectadas no sistema HPLC.

Critérios de aceitação:

O cromatograma do padrão e da amostra deve ser idêntico com um tempo de retenção próximo.

Interferência em branco:

Foi efectuado um estudo para determinar a interferência do branco. O diluente foi injetado no sistema HPLC de acordo com o procedimento de ensaio.

Critérios de aceitação:

O cromatograma do branco não deve apresentar qualquer pico no tempo de retenção do pico da substância a analisar. Não há interferência devida ao branco no tempo de retenção da substância a analisar. Por conseguinte, o método é específico.

3. LINEARIDADE

Preparar uma série de soluções padrão e injetar no sistema HPLC. Traçar o gráfico do padrão Vs a concentração real em pg/ml e determinar o coeficiente de correlação e a base para uma resposta a 100%.

Critérios de aceitação:

O coeficiente de regressão da linearidade da resposta média da área dos picos das injecções replicadas em função da respectiva concentração não deve ser inferior a 1,000. A % de interceção y obtida a partir dos dados de linearidade (sem extrapolação através da origem 0, 0) deve estar compreendida entre ±2,0.

Avaliação estatística:

Foi traçado um gráfico entre a concentração e a área média. Foram observados os pontos de assazaridade. Utilizando o método dos mínimos quadrados, foi adoptada a linha de melhor ajuste e foram calculados o coeficiente de correlação, o declive e a interceção y.

4. PRECISÃO:

Os parâmetros de precisão do método foram avaliados a partir dos cromatogramas das amostras obtidas, calculando a % de RSD das áreas das picos de 6 injecções em duplicado.

Critérios de aceitação: Os requisitos de reprodutibilidade da injeção são cumpridos se a %RSD para as áreas dos picos não for superior a 2,0 e para os tempos de retenção não for superior a 2,0.

5. RECUPERAÇÃO/PRECISÃO

O estudo de recuperação pode ser efectuado na gama de concentrações de 50% a 150% da concentração-alvo do teste. Recomenda-se um mínimo de 3 concentrações.

Critérios de aceitação:

A percentagem média de recuperação situou-se entre 98-102% e o desvio padrão relativo destas concentrações de recuperação foi inferior a 2%.

MÉTODO OPTIMIZADO

Fase móvel: K_2HPO_4: Metanol (55:45)

Coluna: WATERS, C18, 150X4,6mm, 5 pm

Taxa de fluxo: 1,0 ml/min.

Temperatura: 25°C

Volume: 10 pl

Duração: 5min.

Detetor: 227

pH: 4,5

Procedimento:

Injetar 10pL de padrão e amostra no sistema cromatográfico e medir as áreas dos picos do alopurinol e calcular a % de doseamento utilizando a fórmula.

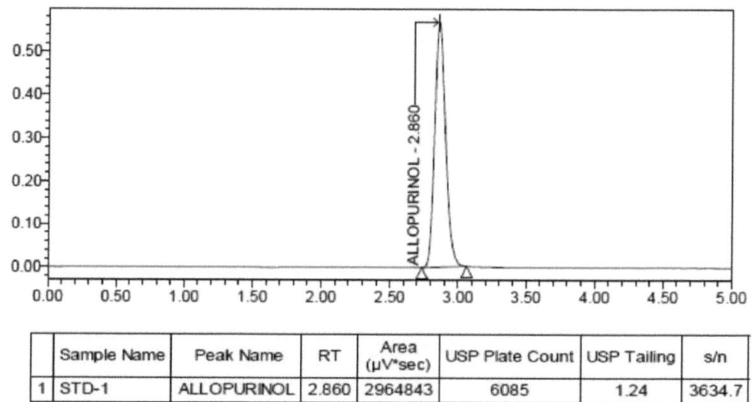

	Sample Name	Peak Name	RT	Area (µV*sec)	USP Plate Count	USP Tailing	s/n
1	STD-1	ALLOPURINOL	2.860	2964843	6085	1.24	3634.7

Fig 1: Cromatograma do método optimizado

Observação: O RT foi considerado bom, e a simetria dos picos de ambos os fármacos foi boa. A contagem de placas teóricas de resolução e o tailing estavam dentro dos limites, sendo utilizados para a validação do método.

RESULTADOS E DEBATE

1. ADEQUAÇÃO DO SISTEMA:

Quadro 1: Dados de adequação do sistema do alopurinol

Parameter	Allopurinol	Acceptance Criteria
Retention time	2.860	+-10
Theoretical plates	6085	>2500
Tailing factor	1.24	<2.00
% RSD	0.3	<2.00

Resultados padrão do alopurinol

	Sample Name	Peak Name	RT	Area (µV*sec)	USP Plate Count	USP Tailing
1	STD-2	ALLOPURINOL	2.849	2972060	5191	1.28
2	STD-2	ALLOPURINOL	2.849	2968360	5507	1.29
3	STD-2	ALLOPURINOL	2.852	2975173	5624	1.27
4	STD-2	ALLOPURINOL	2.854	2988642	5746	1.26
5	STD-2	ALLOPURINOL	2.858	2984923	5989	1.26
Mean				2977831.6		
% RSD				0.3		

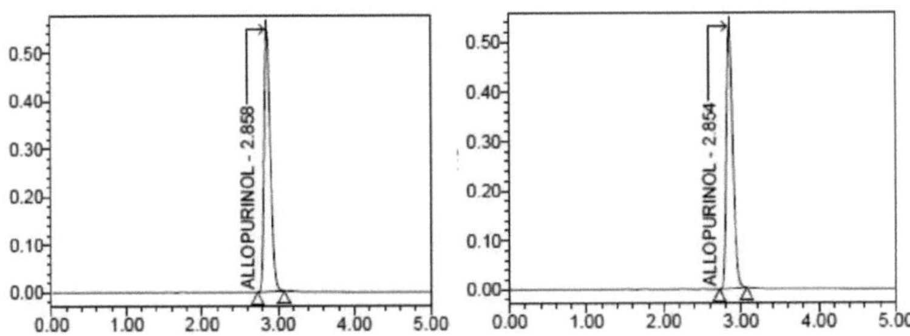

Figi: Cromatograma típico do padrão-2; Injeção-1

Fig 2: Cromatografia típica de uma injeção padrão2

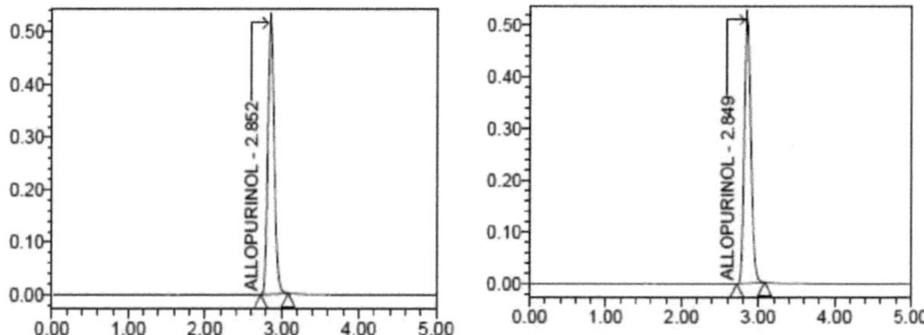

Fig3: Cromatograma típico do padrão-2; Injeção-3

Fig4: Cromatograma típico do padrão-2; Injeção-4

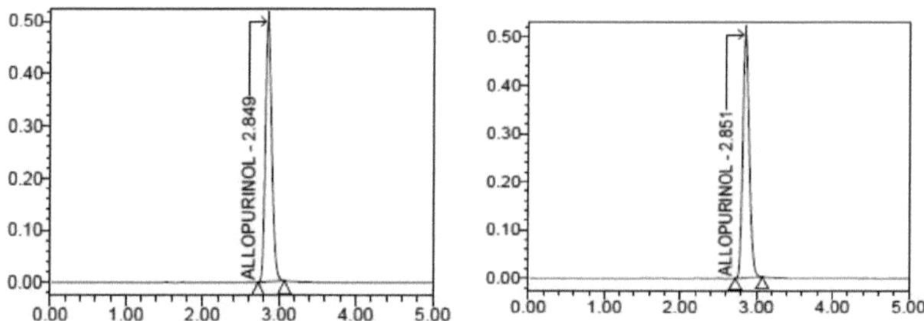

Fig5: Cromatograma típico do padrão-2; Injeção 5

Fig6: Cromatograma típico da amostra-1

Cromatografia de adequação do sistema de alopurinol

Os resultados do estudo de adequação do sistema estão resumidos na tabela acima. Seis injecções consecutivas da solução padrão mostraram um tempo de retenção uniforme, contagem teórica de placas, fator de cauda e resolução para ambos os fármacos, o que indica um bom sistema para análise.

2. ESPECIFICIDADE:

Quadro 2: Dados relativos à especificidade do alopurinol

S. No.	Sample name	Allopurinol area	Rt
1	Standard	2964843	2.860
2	Sample	2952697	2.851
3	Blank	-	-
4	Placebo	-	-

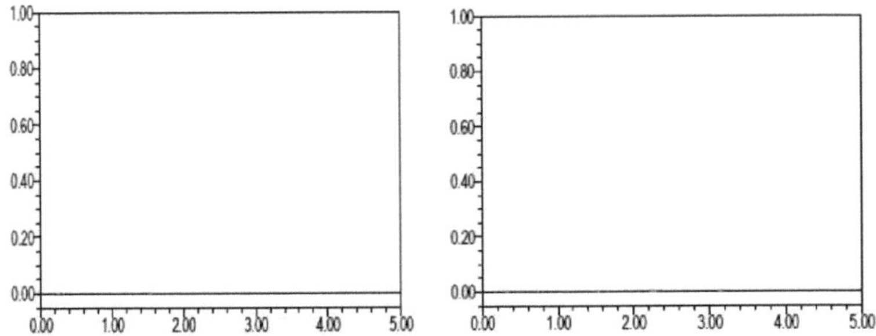

Fig7: Cromatograma típico do branco

Fig. 8: Cromatograma típico do Placebo

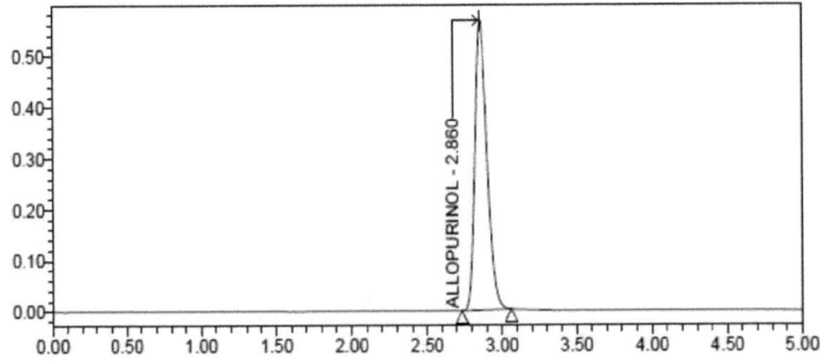

Fig. 9: Cromatograma que representa a especificidade do padrão.

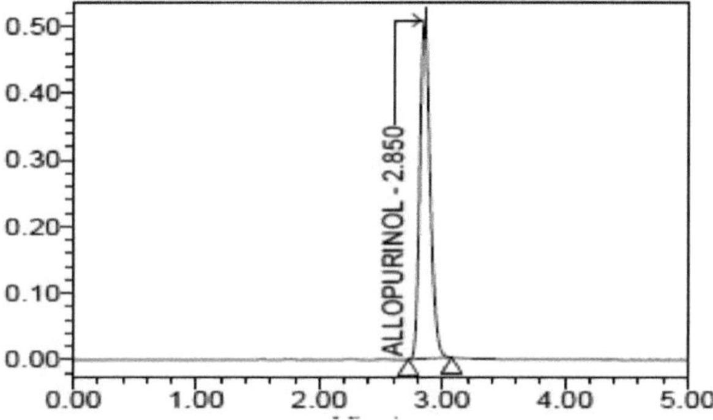

Fig. 10: Cromatograma que representa a especificidade da amostra.

Os cromatogramas explicam que o tempo de retenção do padrão, da amostra e do produto comercial de alopurinol é o mesmo. Este facto prova que os excipientes não têm qualquer efeito no método analítico. Por outro lado, o pico do branco não se sobrepôs ao pico do medicamento. Assim, o método é altamente seletivo.

3. EXACTIDÃO:

Quadro 3: Dados de exatidão para o alopurinol

S. No.	Accuracy level	Injection	Sample area	RT
1	50%	1	1464131	2.841
		2	1462703	2.841
		3	1454661	2.839
2	100%	1	2955942	2.846
		2	2956006	2.849
		3	2963816	2.847
3	150%	1	4443924	2.854
		2	4444572	2.855
		3	4455844	2.853

S.NO	Accuracy level	Sample name	Sample weight	µg /ml added	µg/ml found	% Recovery	% Mean
1	50%	1	89.00	49.500	49.02	99	99
		2	89.00	49.500	48.97	99	
		3	89.00	49.500	48.70	98	
2	100%	1	178.00	99.000	98.97	100	100
		2	178.00	99.000	98.97	100	
		3	178.00	99.000	99.23	100	
3	150%	1	267.00	148.500	148.79	100	100
		2	267.00	148.500	148.81	100	
		3	267.00	148.500	149.18	100	

Quadro 4: Dados de exatidão para o alopurinol

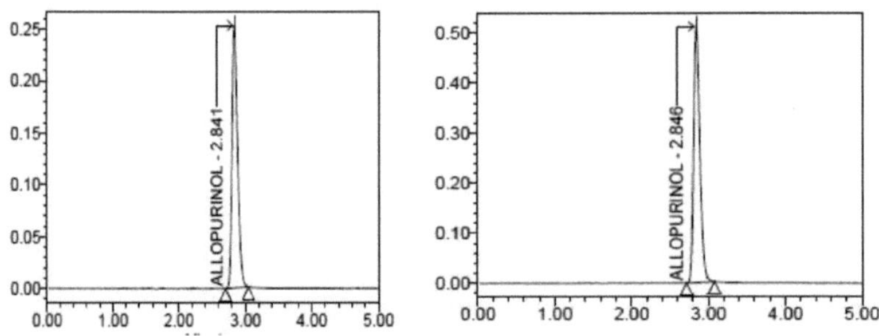

Fig. 11: Cromatograma típico para uma precisão de 50 %

Fig. 12: Cromatograma típico para Precisão 100 %

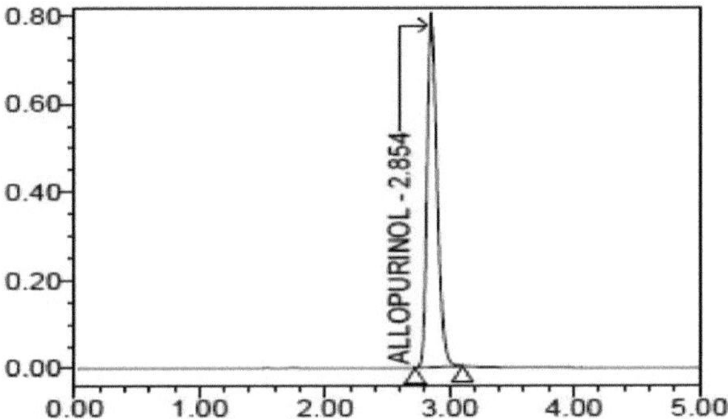

Fig. 13: Cromatograma típico para uma precisão de 150

Os resultados do estudo de exatidão são apresentados no quadro acima. O valor medido foi obtido através do teste de recuperação. A quantidade de fármaco adicionada foi comparada com a quantidade recuperada. A percentagem de recuperação foi de 100% para o alopurinol. Todos os resultados indicam que o método é altamente exato.

4. PRECISÃO:

Quadro 5: Dados de precisão para o alopurinol

S. No.	RT	Area	%Assay
injection1	2.851	2952697	99
injection2	2.850	2952269	99
injection3	2.847	2960855	99
injection4	2.849	2960696	99
injection5	2.860	2956253	99
injection6	2.847	2957397	99
Mean	----------	-----------	99
Std. Dev.	----------	------------	0.12
% RSD	----------	------------	0.13

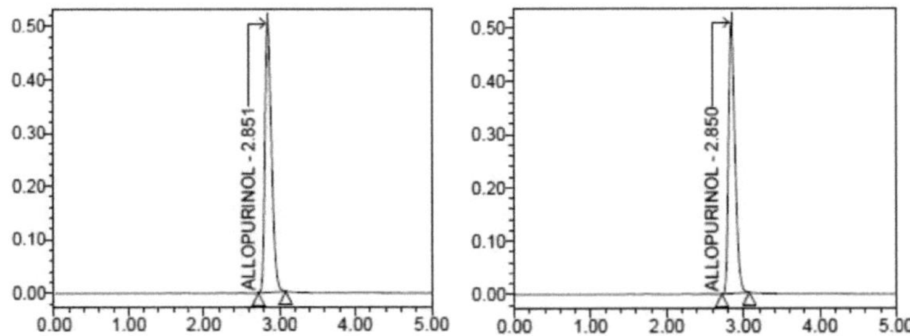

Fig. 14: Cromatograma da injeção de precisão 1

Fig. 15: Cromatograma da injeção de precisão 2

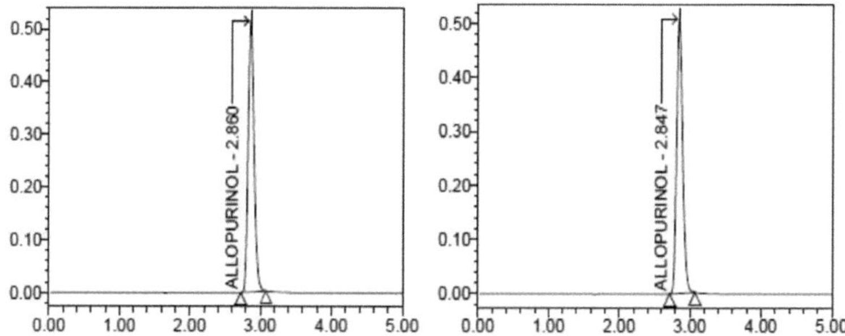

Fig. 16: Cromatograma da injeção de precisão 3

Fig. 17: Cromatograma da injeção de precisão 4

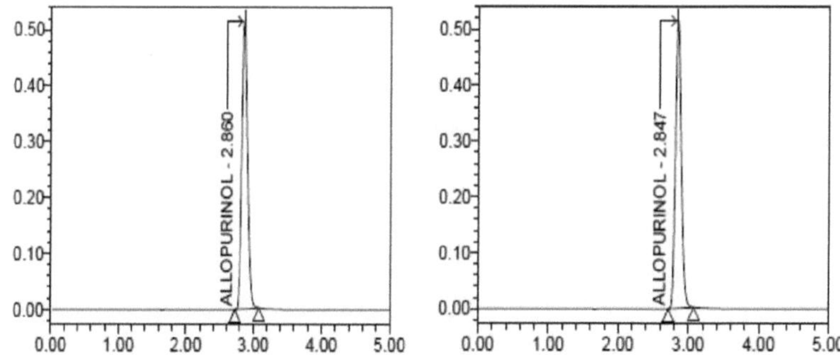

Fig18: Cromatograma da injeção de precisão 5

Fig. 19: Cromatograma da injeção de precisão 6

Os resultados da variabilidade foram resumidos na tabela acima. A percentagem de RSD das áreas dos picos foi calculada para vários ensaios. Verificou-se que o desvio padrão relativo percentual (%RSD) era inferior a 2%, o que prova que o método é exato.

5. LINEARIDADE:

S. No.	Conc. (μg / ml)	RT	Area
1.	50	2.840	1462292
2.	75	2.845	2210967
3.	100	2.847	2956867
4.	125	2.851	3700901
5.	150	2.853	4445923
Correlation coefficient (r^2)			1.0000

Tabela 6: Dados de linearidade para o alopurinol

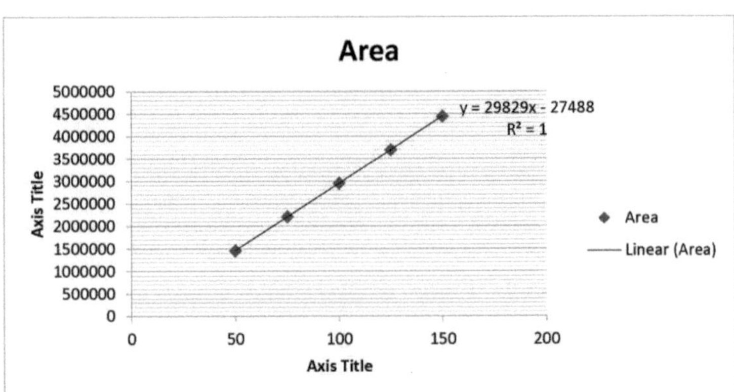

Fig. 20: Gráfico de linearidade do alopurinol

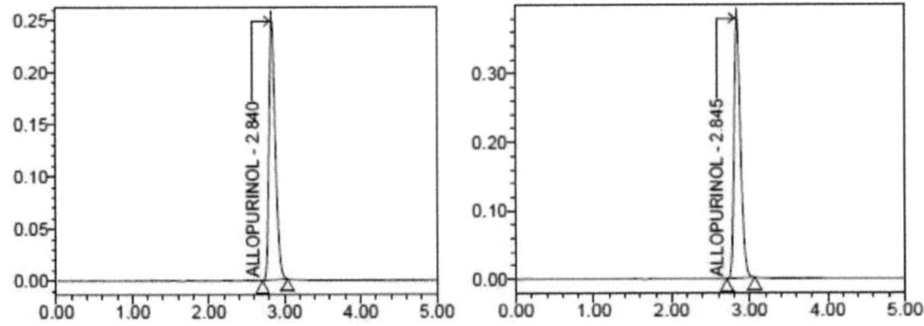

Fig. 21: Cromatograma representando a linearidade 1.

Fig. 22: Cromatograma representativo da linearidade 2.

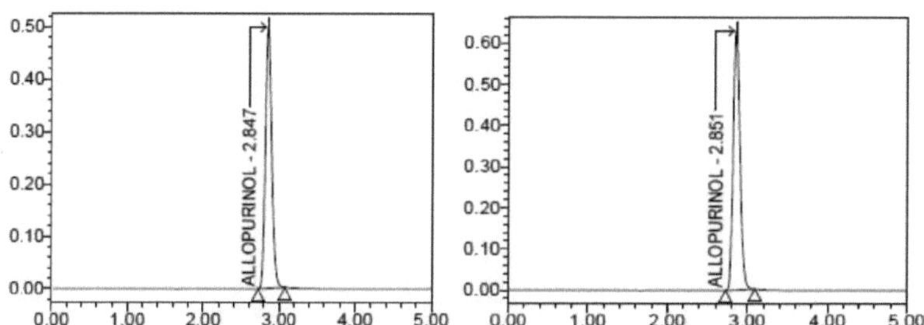

Fig. 23: Cromatograma representando a linearidade 3.

Fig. 24: Cromatograma representando a linearidade.

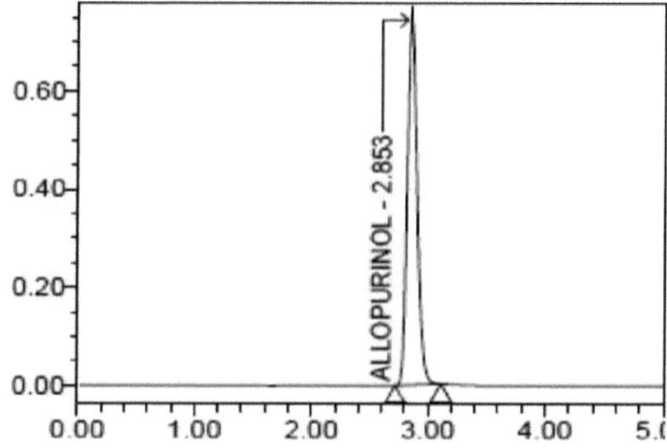

Fig. 25: Cromatograma representativo da linearidade 5

Foi observada uma relação linear entre as áreas dos picos e as concentrações para o alopurinol no intervalo de 50% a 150% da concentração nominal. O coeficiente de correlação foi de 1,0000 para o alopurinol, o que prova que o método é linear no intervalo de 50% a 150%.

6. ROBUSTÃO:

Parâmetro	RT	Placas teóricas	Assimetria
Diminuição do caudal (0,8 ml/min)	3.515	5842	1.30
Aumento do caudal taxa (1,2 ml/min)	2.371	5159	1.28
Diminuição da temperatura (20^0 c)	3.133	5450	1.29
Aumento da temperatura (30^0 c)	2.593	5275	1.27
Diminuição da taxa de compensação (5%)	3.515	5842	1.30
Aumento da taxa de compensação (5%)	2.593	5275	1.27
Diminuição do pH (0,2)	2.851	5416	1.27
Aumento do pH (0,2)	2.850	5545	1.26
Diminuição do nm (2)	2.862	6064	1.24
Aumento de nm (2)	2.860	6014	1.26

Quadro 7: Dados de robustez para o alopurinol

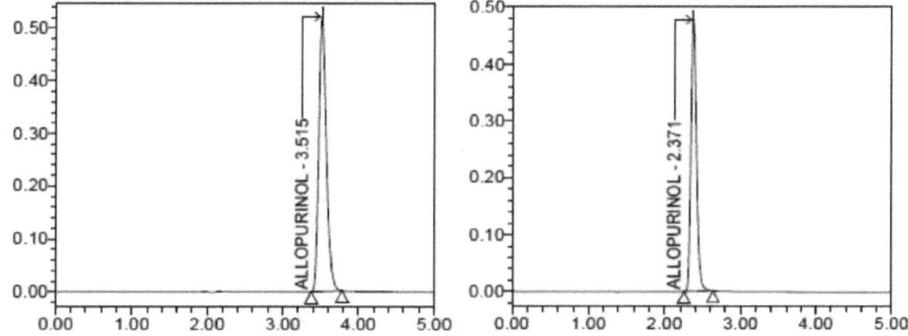

Fig. 26: Cromatograma para a diminuição do caudal
Fig. 27: Cromatograma para aumento do caudal

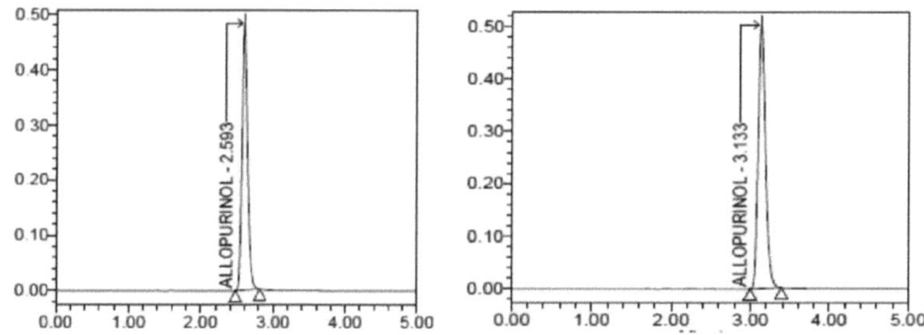

Fig. 28: Cromatograma para a diminuição da temperatura
Fig. 29: Cromatograma para o aumento da temperatura

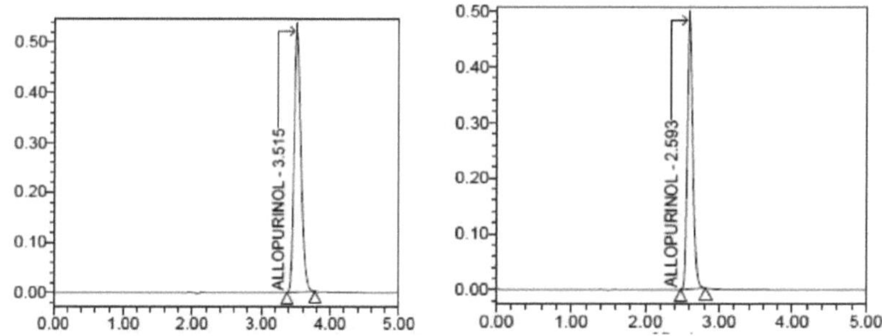

Fig. 30: Cromatograma da composição diminuída

Fig. 31: Cromatograma da composição aumentada

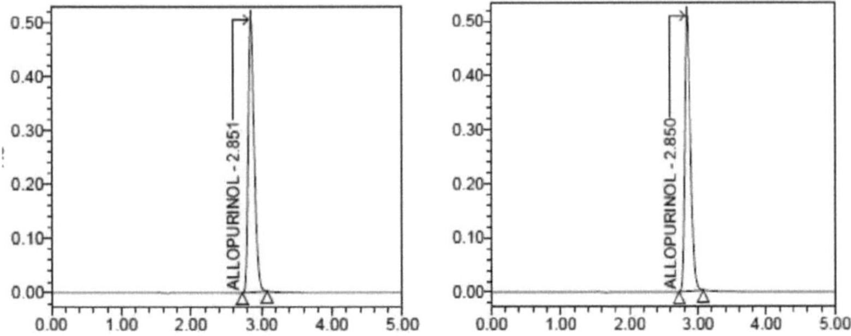

Fig. 32: Cromatograma para a diminuição do pH
Fig. 33: Cromatograma para pH aumentado

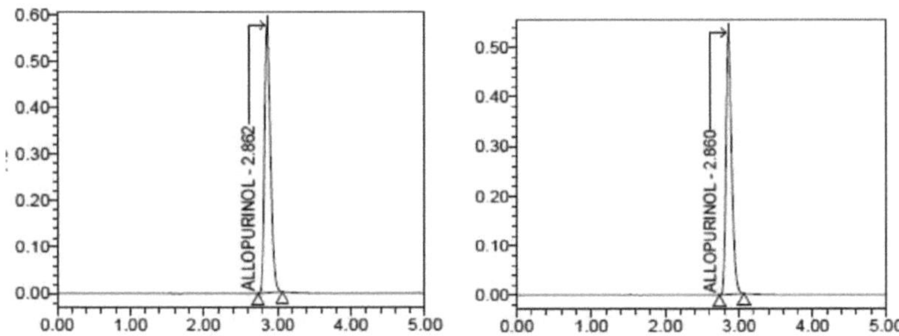

Fig. 34: Cromatograma para diminuição de nm

Fig. 35: Cromatograma para nm aumentado

Os resultados da robustez do presente método mostraram que as alterações efectuadas no caudal e na temperatura não produziram alterações significativas nos resultados analíticos apresentados na tabela acima. Como as alterações não são significativas, podemos dizer que o método é robusto.

7. LIMITE DE DETECÇÃO:

A concentração mínima do componente padrão em que o pico do padrão se funde com o ruído é designada por LOD.

LOD = 3,3* Q/S

Onde: Q = desvio padrão, S = declive

Quadro 8: Dados de robustez para o alopurinol

S. No.	Sample name	RT	Area
1	Allopurinol	2.830	27679

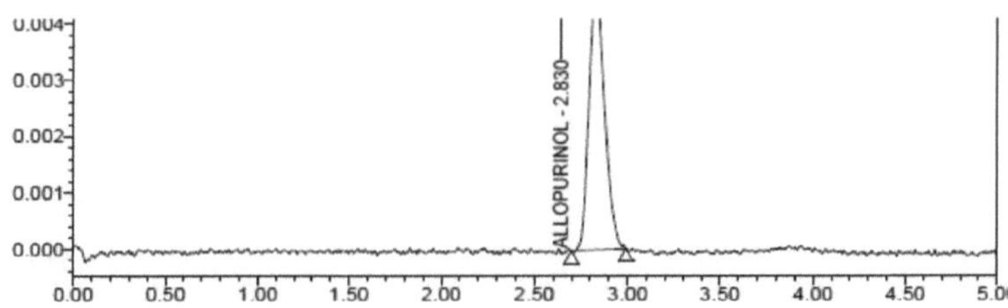

Fig. 36: Cromatograma para LOD

8. LIMITE DE QUANTIFICAÇÃO:

Concentração mínima do componente padrão na qual o pico do padrão é detectado e quantificado.

LOQ = 10*Q/S

Onde: Q = desvio padrão, S = declive

LOQ para alopurinol= 0,275

Dados LOQ para o alopurinol

S. No.	Sample name	RT	Area
1	Allopurinol	2.831	149511

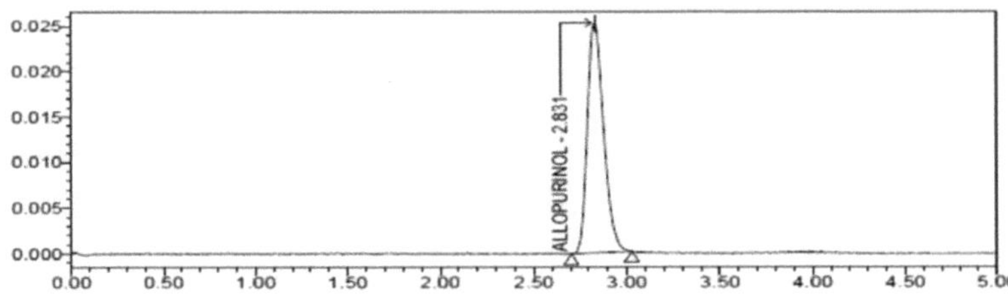

Fig. 37: Cromatograma para LOQ

9. Estudo de degradação:

A solução da amostra do comprimido (Alopurinol) foi sujeita a degradação por condições de ácido, base, oxidante, água, térmicas e fotográficas. Esta experiência demonstra a especificidade, a natureza indicadora de estabilidade e a estabilidade do alopurinol em diferentes condições aplicadas.

Table 9: Allopurinol degradation data

Condition	Percent assay	Percent degradation
	Allopurinol	Allopurinol
0.1 N HCl	88.33	11.67
0.1N NaOH	93.57	6.43
30% H_2O_2	94.82	5.18
105°C	89.15	10.85
Sunlight	91.05	8.95
Water	98.48	1.52

O alopurinol é mais sensível a condições ácidas e mais resistente a condições aquosas. Os picos do degradante foram bem resolvidos em relação aos picos do alopurinol. Não se registaram interferências. Por conseguinte, o método é específico e indica estabilidade.

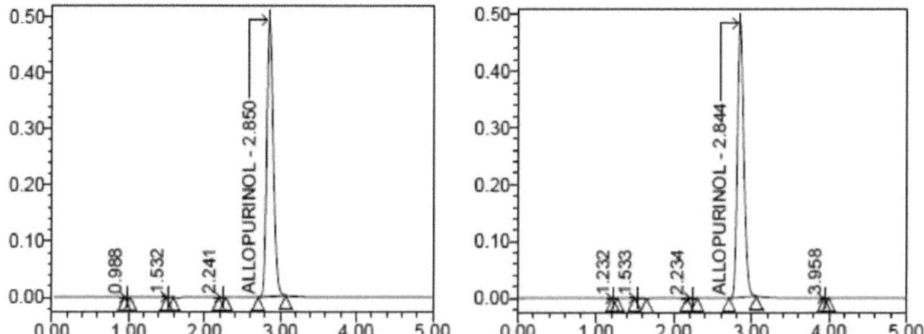

Figura 38: Cromatograma da amostra degradada com ácido

Figura 39: Cromatograma da amostra degradada de base

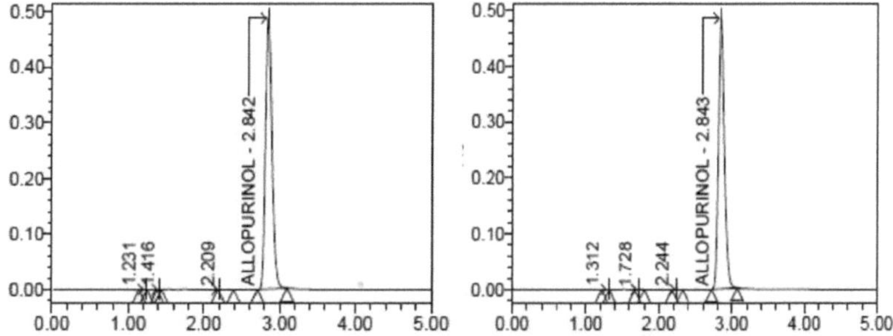

Figura 40: Cromatograma da amostra degradada por oxidante

Figura 41: Cromatograma da amostra termicamente degradada

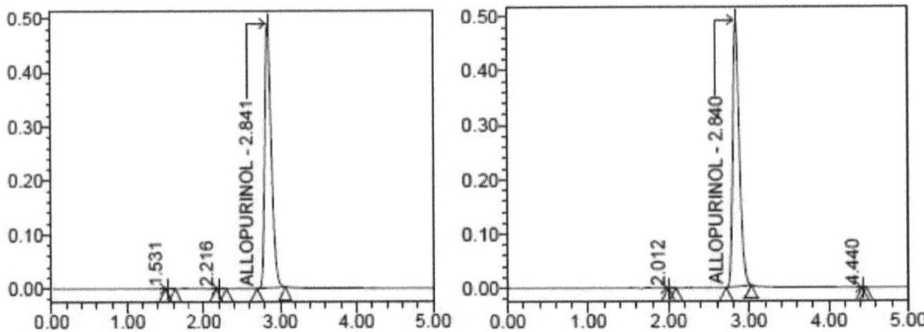

Figura 42: Cromatograma de amostra degradada por fotografia

Figura 43: Cromatograma da amostra degradada pela água.

Discussão:

Adequação do sistema: Os dados de adequação do sistema obtidos para o alopurinol estão representados na tabela 1. Os valores do tempo de retenção são 2,860, as placas teóricas são 6085, o fator de cauda é 1,24 e a %RSD é 0,3. Os resultados deste estudo revelaram que todos os parâmetros se encontravam dentro do limite aceitável.

Os critérios de aceitação são os seguintes: % RSD deve ser NMT 2.0%O número de placas teóricas (N) deve ser NLT 2000.O fator de cauda (T) deve ser NMT 2.0.

Especificidade: Não houve interação entre a amostra, o padrão e o branco, pelo que o método foi específico.

Exatidão: O método foi exato com uma boa percentagem de recuperação e os resultados estão representados na tabela 3. Foram preparados três níveis de amostra de alopurinol. Foram administradas injecções triplas para cada nível de precisão e a percentagem média de recuperação foi obtida como 100 %. Isto mostra que o método é altamente exato.

Precisão: O método foi preciso com %RSD, ou seja, NMT 2, o que está representado na tabela5. A solução de amostra para seis injecções foi administrada e as áreas obtidas foram mencionadas. A área média, o desvio padrão é de 0,12 e a % RSD é de 0,13, respetivamente. Verificou-se que a

% RSD para o alopurinol se encontra dentro do limite aceitável.

Linearidade: Relativamente à linearidade, o método foi linear com um bom valor do coeficiente de correlação, representado na figura 20. Foram injectadas as cinco concentrações lineares de alopurinol. A relação linear entre a área do pico e a concentração foi observada no intervalo de 50% a 150%. As áreas médias foram mencionadas e as equações de linearidade obtidas foram Y=29829x-27488. O coeficiente de correlação obtido foi de 1,000, ou seja, dentro do limite aceitável.

Robustez: O método foi suficientemente robusto, com valores de %RSD NMT 2 para vários parâmetros, como a alteração do caudal e da temperatura, tendo-se obtido um valor inferior a 2.

Limite de deteção e limite de quantificação: A quantidade mais baixa do medicamento que pode ser detectada e quantificada é identificada na tabela. O valor LOD é 0,083 e o valor LOQ é 0,275 e os resultados indicam a sensibilidade do método.

A partir dos resultados obtidos, é evidente que o método desenvolvido pode ser empregue para estimar o alopurinol.

RESUMO

No desenvolvimento e validação do método de alopurinol por RP-HPLC, foi obtida uma separação satisfatória com uma boa simetria de pico utilizando uma coluna de partículas de água, C18, 150x4,6mm 5 pm, o caudal foi de 1 mL/min, a razão da fase móvel foi di-hidrogenofosfato de potássio: Metanol (55:45), o comprimento de onda de deteção foi 227nm. O instrumento utilizado foi o waters, software Empower versão 3. O tempo de retenção foi de 2,860 minutos. Os parâmetros de adequação do sistema para o alopurinol, tais como as placas teóricas (6085) e o fator de cauda, foram considerados dentro dos limites. O estudo da linearidade do alopurinol foi efectuado na gama de concentrações dentro dos limites e o coeficiente de correlação foi de 1,000, respetivamente. A percentagem de RSD para a repetibilidade foi de 0,3. O valor da precisão é de 0,13. O LOD e o LOQ da relação sinal/ruído estão dentro dos limites, ou seja, 0,083 e 0,275, respetivamente. Verificou-se que este método apresenta uma boa percentagem de recuperação do alopurinol. Assim, o método RP-HPLC sugerido pode ser utilizado para a análise de rotina do alopurinol

CONCLUSÃO

O estudo tem por objetivo desenvolver e validar métodos de HPLC para a estimativa do alopurinol na forma de dosagem de comprimidos. Para fins analíticos de rotina, é desejável estabelecer métodos capazes de analisar um grande número de amostras num curto espaço de tempo, com boa robustez, exatidão e precisão, sem quaisquer passos de separação prévios. O método HPLC gera uma grande quantidade de dados de qualidade, que servem como ferramenta analítica altamente poderosa e conveniente. O método apresenta uma boa reprodutibilidade e uma boa recuperação. A partir dos estudos de especificidade, verificou-se que os métodos desenvolvidos eram específicos para o alopurinol. Os métodos propostos foram considerados simples, sensíveis, exactos e precisos e não revelaram qualquer interferência dos aditivos e excipientes comuns. O método desenvolvido foi validado em termos de linearidade, exatidão e precisão, em conformidade com as directrizes da CIH. Por conseguinte, os métodos propostos podem ser utilizados por rotina para a estimativa do alopurinol em formas de dosagem a granel e farmacêuticas.

REFERÊNCIAS

1. Ahmad Qurie; Rina Musa (2018). Pérolas Estatais: Allopurinol. Publicação Stat Pearls. Amersham Biosciences. Ion Exchange chromatography, Principles, and methods, Amersham Pharmacia. Biotech. SE. 2002;751 [Google Scholar]
2. Divisão Amicon. Cherry Hill Drive, MA 01923
3. Ahuja S. e Dong M. (2005). Manual de análise farmacêutica por HPLC. Elsevier; 2005.
4. Ahuja S. Rasmussen H. (2011). Desenvolvimento de métodos de HPLC para produtos farmacêuticos. Elsevier; 2011.
5. Arellano F, Sacristán JA. (1993). Síndrome de hipersensibilidade ao alopurinol: uma revisão. Anais de Farmacoterapia (3):337-43.
6. Attia K. A. M., El-Abasawi N. M., El-Olemy A., Abdelazim A. H. (2018). Estabilidade validada que indica a determinação cromatográfica líquida de alto desempenho de Lesinurad. J Chromatography Sci. 56(4):358-366.
7. Ammar AA, Samy AM, Marzouk MA, Ahmed MK. Formulação, caraterização e avaliação biofarmacêutica de comprimidos de alopurinol. Jornal Internacional de Biofarmacêutica 2011; 2(2):63-71.
8. Aghaziarati, M., Yamini, Y., & Shamsayei, M. (2023). Hidróxidos duplos em camadas/pontos de carbono de histidina-(CuCr) electrodepositados para microextracção em fase sólida em tubo de clorofenóis de amostras de água, sumo e mel seguida de HPLC-UV Talanta, 125276.
9. Baertschi S. W., Alsante K. M., Reed R. A. (2016). Teste de estresse farmacêutico: prevendo a degradação de medicamentos. CRC Press.
10. Bakshi M, Singh S. (2002). Desenvolvimento de métodos de ensaio validados com indicação de estabilidade - revisão crítica. Journal of pharmaceutical and biomedical analysis. 28(6):1011-40.

11. Bardin T, Keenan RT, Khanna PP, Kopicko J, Fung M, Bhakta N, Adler S. (2017). Storgard C, Baumgartner S, So A. Lesinurad em combinação com alopurinol: um estudo randomizado, duplo-cego, controlado por placebo em pacientes com gota com resposta inadequada ao padrão de tratamento (o estudo multinacional CLEAR 2). Annals of the rheumatic diseases. 76(5): 811-20.
12. Blessy M. R., Patel R. D., Prajapati P N., Agrawal Y. K. (2014). Desenvolvimento de estudos de indicação de degradação forçada e estabilidade de medicamentos - uma revisão. Journal of pharmaceutical analysis. 4(3):159-65.
13. Borstad G. C., Bryant L. R., Abel M. P., Scroggie D. A., Harris M. D., Alloway J. A. (2004). Colchicine for prophylaxis of acute flares when initiating allopurinol for chronic gouty arthritis, The Journal of rheumatology. 31(12): 2429-32.
14. Breaux J, Jones K, Boulas P. (2003). Desenvolvimento e validação de métodos analíticos. Pharm. Technol.6-13.
15. Clark's analysis of drugs and venons in pharmaceutical body fluids and postmortem materials. 3rdEdn. Londres: Pharmaceutical press;2004, 601-603.
16. Connors K. A. (2007). A textbook of pharmaceutical analysis. John Wiley & Sons.
17. Cutler P Methods in molecular biology, Dye-ligand affinity chromatography. 2nd ed. Totowa, NJ: Humana Press; 2004. [Google Scholar].
18. Determann H. Cromatografia em gel, filtração em gel, permeação em gel, peneiras moleculares: um manual de laboratório. Capítulo 2. Materiais e Métodos. 2012 [Google Scholar]
19. de Oliveira Beraldo, D., Duarte, S., Pacheco, G., Barbosa, R., Mendes, C., Silva, M., ... & Bonfim, A. (2020). Sesamoidite bilateral como

primeira manifestação de gota. Relatos de casos em Ortopedia, 2020, 1-4.

20. Donald PL, Lampman GM, Kritz GS, Randall G. Engel introduction to organic laboratory techniques.4th ed. Thomson Brooks/Cole; 2006. Pp.797817.

21. Dastiagiriamma C. K., Sowjanya H. M., Hemalatha K. (2018). Estimativa simultânea de Lesinurad e Allopurinol usando cromatografia líquida de alto desempenho de fase reversa em API e formulação comercializada. Inovar o Jornal Internacional de Ciências Médicas e Farmacêuticas. Volume 3, Suplemento 1.

22. Derek K, Da-peng Wang TL. Desenvolvimento da formulação de supositórios e injectáveis de alopurinol. Drug development and Industrial pharmacy 1999; 25(11):1205-1208.

23. Donald PL, Lampman GM, Kritz GS, Engel RG. Introdução às técnicas de laboratório orgânico. 4th ed. Thomson Brooks/Cole; 2006. Pp. 797-817. [Google Scholar].

24. Das M, Dasgupta D. Procedimento de purificação rápida da T7 RNA polimerase baseado na cromatografia em coluna de pseudo-afinidade. Prep Biochem. Biotechnol. 1998; 28:339-48. [PubMed] [Google Scholar].

25. Elion GB, Callahan S, Nathan H, Bieber S, Rundles RW, Hitchings GH. Potenciação por inibição da degradação do fármaco: Purinas 6-substituídas e xantina oxidase. Biochem Pharmacol. 1963; 12:85-93.

26. Ermer J. (2001). Validação na análise farmacêutica. Parte I: Uma abordagem integrada. Journal of pharmaceutical and biomedical analysis.24(5-6): 755-67.

27. Elbordiny, H. S., Elonsy, S. M., Daabees, H. G., & Belal, T. S. (2022). Determinação quantitativa sustentável de alopurinol em combinações de dose fixa com benzbromarona e ácido teístico por eletroforese de

zona capilar e espetrofotometria: estudos de validação, verde e brancura. Sustainable Chemistry and Pharmacy, 27, 100684.

28. Firer MA. Eluição eficiente de proteínas funcionais em cromatografia de afinidade. J Biochem Biophys Methods. 2001; 49:433-42. [PubMed] [Google Scholar].

29. Gerberding SJ, Byers CH. Preparative ion-exchange chromatography of proteins from dairy whey. J Chromatography A. 1998; 808:141-51. [PubMed] [Google Scholar].

30. Goicoechea M., de Vinuesa S. G., Verdalles U., Ruiz-Caro C., Ampuero J., Rincón A., Arroyo D., Luño J. (2010). Efeito do alopurinol na progressão da doença renal crónica e no risco cardiovascular. Revista Clínica da Sociedade Americana de Nefrologia. 5(8): 1388-93. 43. Hoy S. M. (2016). Lesinurad: Primeira aprovação mundial. Drugs. 76(4): 509-16.

31. Hostettmann K, Marston A, Hostettmann M (1998). Preparative Chromatography Techniques Applications in Natural Product Isolation (Segunda ed.). Berlim, Heidelberg: Springer Berlin Heidelberg. P. 50.

32. Harwood LM, Moody CJ. Química orgânica experimental: Principles and Practice. Oxford: Blackwell Science; 1989:180-5. [Google Scholar].

33. Helmut D. Gel Chromatography, gel filtration, gel permeation, molecular sieves: a laboratory handbook. Springer-Verlag; 1969. [Google Schola].

34. Hassan Y, Hoenen H. Validated method for determination of Alpha lipoic Acid in dietary supplement tablets by Reversed Phase Liquid Chromatography (Método validado para a determinação do ácido alfa-lipóico em comprimidos de suplementos alimentares por cromatografia líquida de fase inversa). Journal of Liquid Chromatography & Related Technologies 2005; 27(19):3029- 3038.

35. Conferência Internacional sobre Harmonização dos Requisitos Técnicos para o Registo de Medicamentos para Uso Humano. Validação de Procedimentos Analíticos: Texto e Metodologia ICH Q2 (R1). 2005.

3 6. Inkster ME, Cotter MA, Cameron NE. Treatment with xanthine oxidase inhibitor, allopurinol, improves nerve and vascular function in diabetic rats. Eur J Pharmacol. 2007; 561:63-71.

37. Kasture A.V, Mahadil K.R, Wadodhkar S G, More A H, Pharmaceutical Analysis vol-2 instrumental method, Nirali Prakashan page no.6-9, 60-65.

38. Karlsson E, Ryden L, Brewer J Purificação de proteínas. Princípios, métodos de alta resolução e aplicações. Cromatografia de permuta iónica. 2nd ed. Nova Iorque: Wiley; 1998. [Google Scholar].

39. Khader, S., Begum, A., & Ramakrishna, D. (2019). Desenvolvimento e validação do método HPLC de fase reversa para estimativa simultânea de alopurinol e lesinurad em sua API e forma de dosagem farmacêutica. *Jornal Internacional de Ciências Farmacêuticas Aplicadas e Pesquisa, 4*(04), 50-57.

40.. Khan A, Khan MI, Iqbal Z, Ahmad L, Shah Y, Watson DG. Determinação do ácido lipóico no plasma humano por HPLC-ECD utilizando extração líquido-líquido e em fase sólida: Desenvolvimento do método, validação e otimização dos parâmetros experimentais. Journal of Chromatography B Analytical Technologies in the Biomedical and Life sciences 2010; 878(28):2782-2788.

41. Kumar, c. J. Estimation of allopurinol-a review Ch Jaswanth Kumar, Kamakshi Devi N, Prachet P, Sai Tejaswi A e Rama Rao N.

42. Kv, r. (2020). Um novo método rp-hplc validado com indicação de estabilidade para a quantificação de alopurinol e lesinurad em formulações a granel e farmacêuticas. Jornal de investigação científica avançada, 11(1).

43. McMurry J (2011). Química orgânica: com aplicações biológicas (2nd ed.). Belmont, CA: Brooks/Cole. Pp. 395.
44. Mahn A, Asenjo JA. Previsão da retenção de proteínas em cromatografia de interação hidrofóbica. Biotechnol Adv. 2005; 2:359-68. [PubMed] [Google Scholar].
45. Revisão médica por Neal Patel, Pharm.D. - Por Patricia Weiser, PharmD em 25 de julho de 2021.
46. Magdy, G., Abdel Hakiem, A. F., Belal, F., & Abdel-Megied, A. M. (2021). Uma nova abordagem de qualidade por design para o desenvolvimento e validação de um método HPLC de fase reversa verde com deteção de fluorescência para a determinação simultânea de lesinurad, febuxostat e diflunisal: aplicação ao plasma humano. Journal of separation science, 44(11), 21772188.
47. Ngwa G. (2010). A degradação forçada como parte integrante do desenvolvimento do método de indicação de estabilidade por HPLC. Drug delivery technology. 10(5): 56-9.
48. Pacher P, Nivorozhkin A, Szabo C. Therapeutic effects of xanthine oxidase inhibitors: renaissance half a century after the discovery of allopurinol. Pharmacol Rev. 2006; 58:87-114.
49. Porath J. Cromatografia de afinidade de iões metálicos imobilizados. Protein Expr Purif. 1992; 3:263-81. [PubMed] [Google Scholar].
50. Perez-Ruiz F., Sundy J. S., Miner J. N., Cravets M., Storgard C. (2016). Lesinurad em combinação com alopurinol: resultados de um estudo de fase 2, randomizado, duplo-cego em pacientes com gota com uma resposta inadequada ao alopurinol. Annals of the rheumatic diseases. 75(6): 1074-80.
51. Packer L, Tritschler HJ, Wessel K. Neuroprotecção pelo antioxidante metabólico (- ácido lipóico). Free Radic Biol Med 1997; 22(1-2):359-378.

52. Packer L, Witt EH, Tritschler HJ. O ácido alfa-lipóico como antioxidante biológico. Free Radic Biol Med 1995; 19(2):227-250.
53. Prasad, P. R., Karunakar, D., & Devi, B. R. Desenvolvimento e validação do método analítico do alopurinol e substâncias relacionadas utilizando RP-HPLC na forma a granel.
54. Queiroz JA, Tomaz CT, Cabral JM. Cromatografia de interação hidrofóbica de proteínas. J Biotechnol. 2001; 87:143-59. [PubMed] [Google Scholar] .
55. Rajkumar, B., Bhavya, T., & Kumar, A. A. (2014). Desenvolvimento e validação do método de HPLC de fase reversa para a estimativa quantitativa simultânea de ácido alfa-lipóico e alopurinol em comprimidos. Jornal Internacional de Farmácia e Ciências Farmacêuticas, 6(1), 307-312.
56. Reynolds D. W., Facchine K. L., Mullaney J. F., Alsante K. M., Hatajik T. D., Motto M. G. (2002). Realização de estudos de degradação forçada. Tecnologia farmacêutica. 48-56.
57. Reinders MK, Nijdam LC, Roon EN, Movig KL, Jansen TL, van de Laar MA, Brouwers JR. Um método simples para a quantificação de alopurinol e oxipurinol no soro humano por cromatografia líquida de alta eficiência com deteção de UV. J Pharm Biomed Anal 2007; 45(2);312-317.
58. Revathi S., Reddy G. R., Narendra N. K., Kirankumar V. (2016). Desenvolvimento e validação do método RP-HPLC para estimativa simultânea de alopurinol e alfa-lipoicácido na forma de dosagem a granel e em comprimidos. Int. J. Of Pharmacy and Analytical Research, Vol-5(4): 602-612.
59. Siangproh W, Rattanarat P, Chailapakul O. Determinação por cromatografia líquida de fase reversa do ácido alfa-lipóico em suplementos alimentares utilizando um elétrodo de diamante dopado

com boro. J Chromatogr A 2010; 1217(49):7699-7705.

60.Singh S, Gadhawala Z. Desenvolvimento de um método RPRRLC indicador de estabilidade para a determinação de alopurinol e seus produtos de degradação em dosagem oral sólida. Jornal Internacional de Investigação em Tecnologia Farmacêutica 2013; 5(1):44-53.

61. Swartz M. E. (2018). Krull IS. Desenvolvimento e validação de métodos analíticos. CRC Press.

62. Stamp L. K. (2014). Perfil de segurança dos agentes anti-gota: uma atualização. Opinião atual em reumatologia. 26(2): 162-8.

63.Snyder L. R., Quarry M. A. (1987). Simulação computorizada no desenvolvimento de métodos de HPLC. Reducing the error of predicted retention times. Journal of liquid chromatography. 10(89): 1789-820.

64.Schmidt AP, Bohmer AE, Antunes C, Schallenberger C, Poriuncula LO, Elisabetsky E, et al. Propriedades antinociceptivas do inibidor da xantina oxidase alopurinol em ratos: papel dos receptores de adenosina A1. Br J Pharmacol. 2008; 156:161-170.

65.Seth R, Kydd AS, Buchbinder R, Bombardier C, Edwards CJ: Allopurinol for chronic gout. Cochrane Database Syst. Rev. 2014 Oct 14.

66.Salgado P, Visnevschi-Necrasov T, Kiene R.P, Azevedo I, Rocha A.C.S, Almeida C.M.R, Magalhaes C, Determinação do ácido 3-mercaptopropiónico por HPLC: Um método sensível para aplicações ambientais, Journal of Chromatography B, 992, 2015, 103-108.

67.Sherman J, Fried B, Dekker M. Nova Iorque, NY: Handbook of Thin-Layer Chromatography; 1991. [Google Scholar].

68.Stoddard JM, Nguyen L, Mata-Chavez H, Nguyen K. As placas TLC são uma plataforma conveniente para reacções sem solventes. Chem. Commune. (Camb) 2007; 12:1240- 1. [PubMed] [Google Scholar].

69.Scopes RK. Utilização de cromatografia diferencial corante-ligante com eluição por afinidade para a purificação de enzimas: 2-ceto-3-desoxi-6-fosfogluconato aldolase de Zymomonas mobilis. Anal. Biochem. 1984; 136:525-9. [PubMed] [Google Scholar].

7 0.Siangproh W, Rattanarat P, Chailapakul O. Determinação por cromatografia líquida de fase reversa do ácido alfa-lipóico em suplementos alimentares utilizando um elétrodo de diamante dopado com boro. J Chromatography A 2010; 1217(49):7699-7705.

71. Tada H, Fujisaki BS, Itoh K, Suzuki T. Método fácil e rápido de cromatografia líquida de alta eficiência para a determinação simultânea de alopurinol e oxipurinol no soro humano. J Clin Pharm Ther 2003; 28(3);229-234.

72. Teichert J, Preiss R. High-performance liquid chromatographic assay for Alpha lipoic acid and five of its metabolites in human plasma and urine. Journal of Chromatography B Analytical Technologies in the Biomedical and Life sciences 2002; 769(2):269-281.

73. Validação do texto e da metodologia do procedimento analítico: Texto e metodologia Q 2 R1 Directrizes ICH 2005: 1.

74. Validação de procedimento compendial < 1225>USP 32 revisão e o formulário nacional 27 a revisão Rockville ND 2009 1 735.

75. Willard H H, Merritt L L, Dean J A, Settle F A, Instrumental method of analysis, New Delhi, CBS Publishers, and distributors pg. no:513-538.

76. Walls D, Loughran ST. Cromatografia de proteínas: Métodos e protocolos, métodos em biologia molecular. 2011;681 [Google Scholar].

77. Wilchek M, Chaiken I. An overview of affinity chromatography in affinity chromatography-Methods and protocols. Humana Press. 2000:1-6. [Google Scholar].

78. Wood KC, Granger DN. Sickle cell disease: role of reactive oxygen species and nitrogen metabolites. Clin Exp Pharmacol Physiol. 2007;

34:926-932.

Índice

yes

I want morebooks!

Buy your books fast and straightforward online - at one of world's fastest growing online book stores! Environmentally sound due to Print-on-Demand technologies.

Buy your books online at
www.morebooks.shop

Compre os seus livros mais rápido e diretamente na internet, em uma das livrarias on-line com o maior crescimento no mundo! Produção que protege o meio ambiente através das tecnologias de impressão sob demanda.

Compre os seus livros on-line em
www.morebooks.shop

info@omniscriptum.com
www.omniscriptum.com

Printed by Books on Demand GmbH, Norderstedt / Germany